Angelika Kipp

Bitte wenden!

Beidseitig gearbeitete Fenster- und Wandbilder aus Tonkarton

frechverlag

Von der bekannten Autorin Angelika Kipp sind im frechverlag viele bunte Bastelbücher erschienen. Hier eine Auswahl:

TOPP 2308

TOPP 2280

TOPP 2262

TOPP 2164

TOPP 2210

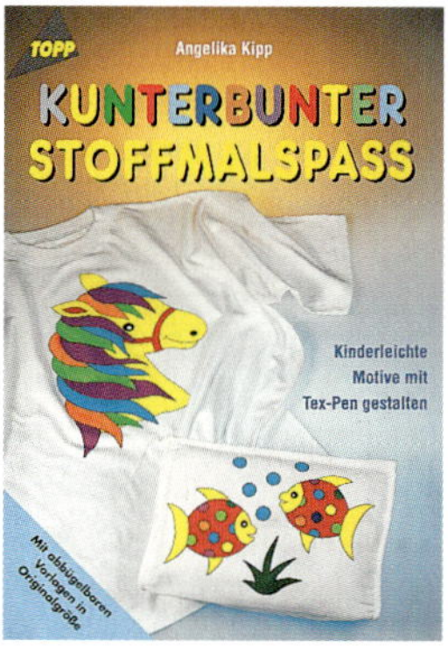

TOPP 2316

Zeichnungen: Berthold Kipp
Fotos: frechverlag GmbH + Co. Druck KG, 70499 Stuttgart;
Fotostudio Ullrich & Co., Renningen

Dieses Buch enthält:
2 Vorlagenbogen

Auflage: 5. 4. 3. | Letzte Zahlen
Jahr: 2002 2001 2000 1999 98 | maßgebend

frechverlag GmbH + Co. Druck KG, 70499 Stuttgart

ISBN 3-7724-2307-8 · Best.-Nr. 2307

Druck: frechverlag GmbH + Co. Druck KG, 70499 Stuttgart

Bitte wenden Sie die Fensterbilder in diesem Buch, und Sie werden sehen, daß sie nicht nur originell, kunterbunt und lustig sind, sondern auch voller Überraschungen stecken. Von vorne ist es ein einfach schönes Fensterbild; doch von hinten zeigt sich allerhand Erstaunliches und Lustiges.

Hinter dem großen Elefanten verbirgt sich der kleine Sprößling, der sich an seiner Mutter festhält. Der Igel, der sich heute besonders schick gemacht hat, möchte jemandem ein Blümchen schenken. Ein Mäuschen versteckt ein Stück Käse hinter seinem Rücken, und Leo Lausbub hat seinen besten Freund immer bei sich in der Hosentasche.

Bitte wenden Sie die Fensterbilder einfach selbst, und lassen Sie sich überraschen!

Alle Motive sind eine schöne Fensterdekoration und ein nettes Mitbringsel für liebe Freunde und Verwandte.

Viel Spaß beim Basteln und Wenden dieser lustigen Figuren wünscht

Angelika Kipp

Arbeitsmaterial

- Tonkarton in verschiedenen Farben
- Architekten- oder Transparentpapier
- Dünne Pappe
- Bleistift
- Radiergummi
- Filzstift in Schwarz und Rot
- Schere
- Bastelmesser
- Schneideunterlage
- Evtl. Kreisschablone
- Evtl. Ellipsenschablone
- Klebstoff
- Locher
- Nadel und Faden

Tips und Tricks beim Basteln

Gestaltung des Motivs von der Vorder- und Rückseite

Bei diesen Fensterbildern sind die Vorder- und Rückseite unterschiedlich. Beim Positionieren der einzelnen Teile helfen sowohl die Abbildungen wie auch der Vorlagenbogen.

Doppelt benötigte Teile kann man gut in einem Arbeitsgang ausschneiden, denn dann passen die aufzuklebenden Teile haargenau aufeinander. Schneidet man gleiche Teile dagegen einzeln aus, so kann es passieren, daß Sie kleine Unregelmäßigkeiten mit der Schere angleichen müssen.

Das Aufhängen

Vorder- und Rückseite des Motivs kommen am besten zur Geltung, wenn Sie es an einem Faden aufhängen, so daß es sich frei bewegen kann.

Balancieren Sie das Motiv zwischen Daumen und Zeigefinger aus, bis Sie die richtige Stelle gefunden haben. Mit einer Nadel stechen Sie dann einige Millimeter vom Rand entfernt in den Tonkarton und ziehen den Faden durch.

Motivhöhe

Damit Sie sich die Größe der beidseitigen Fensterbilder vorstellen können, ist bei jedem Motiv dessen Höhe angegeben.

Viel Spaß beim Auswählen!

Schritt für Schritt erklärt

Legen Sie Architekten- oder Transparentpapier auf das ausgewählte Motiv auf dem Vorlagenbogen, und übertragen Sie mit einem Bleistift oder einem schwarzen Filzstift alle benötigten Einzelteile ohne Überschneidungen.

Das bemalte Transparentpapier wird auf eine dünne Pappe geklebt, und die Einzelteile werden herausgeschnitten. Fertig sind die Schablonen!
Dann arbeiten Sie die Tonkartonteile, indem Sie die einzelnen Schablonen jeweils auf den Tonkarton der gewünschten Farbe legen, mit einem Bleistift umfahren und dann die einzelnen Teile sorgfältig mit der Schere oder dem Cutter ausschneiden.

Zeichnen Sie die Gesichter, alle schwarz markierten Stellen und Innenlinien (s. Vorlagenbogen) auf. Fügen Sie die Einzelteile zu dem gewünschten Motiv zusammen – das Foto und die Vorlage geben jeweils Positionierungshilfen.
Nun wird die Rückseite – wie in der jeweiligen Anleitung beschrieben – gearbeitet, da bei diesen Fensterbildern die Vorder- und Rückseite unterschiedlich sind.

Heute kocht Dicky!

Was wohl heute auf der Speisekarte steht?

MOTIV- ca. 40 cm **HÖHE**

Für die Vorder- und Rückseite gilt:

Zeichnen Sie das Gesicht des Schweinchens, die Ohrstriche, den Bauchnabel und alle gepunkteten Linien (s. Vorlagenbogen) auf.

Beachten Sie:
Die Ohrabgrenzungen sowie die Schrittfalten werden nur von hinten, die Striche an den Achselhöhlen nur von vorne ergänzt.

Vorderseite

Fixieren Sie die Arbeitskleidung am Körper. Der Kochlöffel ruht in der linken Hand.

Rückseite

Ergänzen Sie auch von hinten die Kleidung des Kochs. Das typische Ringelschwänzchen wird jedem Betrachter ein Schmunzeln entlocken.

Jumbo und Co.

Wo steckt nur der Nachwuchs? Doch Mutter Elefant scheint nicht beunruhigt: Ihr Jüngster hat alles im Griff.

Für die Vorder- und Rückseite gilt:

Zeichnen Sie alle schwarz markierten und gepunkteten Linien (s. Vorlagenbogen) auf. Die Abbildung gibt Ihnen dabei Hilfestellung.

Vorderseite

Plazieren Sie das zweiteilige Tuch am Rüssel, und fügen Sie Kopf und Körper zusammen. Die Punkte auf dem Tuch werden mit einem Locher ausgestanzt. Der große Dickhäuter wird auf die Wiese gestellt, auf der eine dreiteilige Blume blüht.

Rückseite

Das kleine graue Rüsseltier wird hinter der großen Mutter plaziert. Es hält sich an ihrem Schwanz fest, damit es nicht verlorengeht.

Ich bin ein Kuschelbär!

Diesen Teddy muß man einfach liebhaben. Doch Vorsicht beim Kuscheln – Papierteddys knittern leicht!

MOTIV- ca. 38 cm HÖHE

Für die Vorder- und Rückseite gilt:

Der Teddy benötigt seine Augen, die Nase und alle gepunkteten Linien (s. Vorlagenbogen). Die Flickennähte werden erst zuletzt eingezeichnet. Auf der Rückseite wird die Abgrenzung der Ohren aufgemalt. Die Punkte auf den Flicken werden mit dem Locher ausgestanzt.

Vorderseite

Der Teddy erhält seine Innenohrteile und das Schnauzenteil. Ziehen Sie ihm die Flickenhose an, die von Trägern und Knöpfen gehalten wird.

Rückseite

Auch von der Rückseite braucht der Bär seine Hose. Die Träger liegen hinter, die Knöpfe auf der Hose. Auf dem Po ist die Hose mit einem gepunkteten Flicken verziert.

Ein Teddy zum Liebhaben!

Hallo, ich heiße August!

Der lustige Clown August bringt Spaß für groß und klein.

Für die Vorder- und Rückseite gilt:

Damit die Clownerei losgehen kann, zeichnen Sie die Augen, den Mund, die Ohrstriche und Knopflöcher sowie alle gepunkteten Linien (s. Vorlagenbogen) auf. Die Flickennaht für das Herzchen wird erst nach dem Aufkleben aufgezeichnet. Alle kleinen Punkte werden mit einem Locher ausgestanzt.

MOTIV- ca. 35 cm HÖHE

Vorderseite

Das Kopfteil erhält von vorn den zweiteiligen Hut, die Nase und das Mundteil; die Haare werden von hinten gegengeklebt. Die übergroßen Schuhe mit den aufgesetzten Punkten sind unter der mit Flicken besetzten Hose befestigt. Der grüne Ausschnitt mit den aufgesetzten Punkten und die weißen Handschuhe werden unter der Jacke, die Kragenteile sowie die Flicken und der Knopf darauf fixiert.

Rückseite

August braucht auch auf der Rückseite seine flickenbesetzte Hose. Plazieren Sie das grüne Teil oberhalb des Riegels unter der Jacke. Der Riegel mit den Punkten sowie der bunte Flicken und der Kragen werden aufgesetzt. Zuletzt kleben Sie ein unbemaltes Kopfteil mit Haaren und Hut auf. *Nun kann der Spaß beginnen!*

Fügen Sie das Hosen- und Jackenteil zusammen, und ergänzen Sie zuletzt den Kopf.

Entchen Liese auf der Wiese

Diese kleine Ente hat es sich mit seinem großen roten Luftballon auf der grünen Wiese bequem gemacht.

Vorderseite

Malen Sie Lieses Augen, die Nasenöffnungen und die gepunkteten Linien (s. Vorlagenbogen) auf. Das Entchen erhält sein rotes Hemd mit der aufgesetzten Tasche. Dann kleben Sie den Schnabel und die Füße auf.

Befestigen Sie den Faden zwischen zwei Luftballons, und geben Sie Liese den Ballon in die Hand. Plazieren Sie den Ballon aus Stabilitätsgründen am Kopfteil.

Rückseite

Schneiden Sie das Schwanzteil aus dem Hemdchen heraus, und plazieren Sie das Teil von hinten an der Ente. Eine kleine Raupe, die über die Wiese krabbelt, erhält ihr Gesicht und die vielen Füße.

Ob Liese sie wohl bemerkt?

MOTIV-
ca. 25 cm
HÖHE

Eine tolle Aussicht

Käfer Karl fühlt sich auf dem Ast sichtlich wohl. Von hier oben kann er die Aussicht so richtig genießen.

MOTIV-
ca. 26 cm
HÖHE

Vorderseite

Zeichnen Sie dem Käfer die Augen, den Mund, die Schuhöffnungen und die vielen Schleifenpunkte auf.
Das Gesicht mit der aufgesetzten Nase sowie das Bauchteil mit der Schleife werden auf das schwarze Körperteil geklebt.

Nun fehlen noch die Schuhe, und der Käfer kann auf dem Ast mit den Blättern Platz nehmen.

Rückseite

Fügen Sie das schwarze Dreieck und das rote, mit Punkten versehene Flügelteil zusammen.
Ergänzen Sie die Blätter von der Rückseite, und lassen Sie den Käfer den Ausblick von Ihrem Fenster genießen.

Ein schönes Plätzchen

Diese große Möhre hat einen doppelten Nutzen: Zunächst dient sie als bequemes Ruheplätzchen, und dann kann sie aufgegessen werden.

Für die Vorder- und Rückseite gilt:

Zeichnen Sie das Hasengesicht und alle gepunkteten Linien (s. Vorlagenbogen) auf. Die Flickennähte werden erst zum Schluß ergänzt.

Vorderseite

Kleiden Sie das Häschen mit dem Hemd und der geflickten Hose, die von zwei Trägern mit aufgesetzten Knöpfen gehalten wird. Anschließend plazieren Sie von vorn die Arme und Innenohrteile. Nun wird der Hoppelmann auf die zweiteilige große Möhre gesetzt.

ACHTUNG: Der Hase muß exakt plaziert werden (s. gestrichelte seitliche Hilfslinie), damit die beiden Hosenteile oberhalb von der Möhre genau aufeinander passen.

MOTIV-
ca. 32 cm
HÖHE

Rückseite

Auch von hinten trägt der Hase ein Hemd. Plazieren Sie die Hose so, daß sie genau mit den Seitennähten des vorderen Hosenteils abschließt. Nun brauchen nur noch das Schwänzchen, der Flicken und das Grün der Möhre ergänzt werden.

Ganz schön bequem!

Mein bester Freund und ich

Seinen besten Freund hat Leo Lausbub immer bei sich!

Für die Vorder- und Rückseite gilt:

Die beiden Tiere bekommen ihre Gesichter und alle gepunkteten Linien (s. Vorlagenbogen) aufgezeichnet (die Nase des Löwen ist aufgeklebt). Die Fußkrallen des Löwen werden nur von vorn aufgemalt.

Vorderseite

Das Gesicht und das Ohrenpaar werden auf der Mähne plaziert, und der ganze Kopf wird am Körper angebracht. Leo trägt heute eine gepunktete Hose. Überstehende Punkte gleichen Sie mit der Schere an.

Rückseite

Auch auf der Rückseite trägt der Löwe die gepunktete Hose. Aus der aufgesetzten Hosentasche schaut sein bester Freund, das Mäuschen, heraus. Plazieren Sie noch den Schweif mit dem beidseitig angebrachten Schweifende und die Zottelmähne am Löwen.

Man kann es kaum glauben: Dieses Tier soll gefährlich sein?

MOTIV- ca. 30 cm HÖHE

Ein kleiner Künstler

Dieser kleine Künstler wartet auf seinen Einsatz an Ihrem Fenster.

Für die Vorder- und Rückseite gilt:

Zeichnen Sie alle schwarz markierten Stellen sowie gepunkteten Linien (s. Vorlagenbogen) auf. Nur die Flickennähte werden erst nach dem Aufkleben der Flicken gezeichnet. Nehmen Sie dabei die abgebildeten Motive zu Hilfe, damit Sie die aufzuzeichnenden Linien der jeweiligen Seite zuordnen können.

Vorderseite

Damit der Rabenkünstler bald in Aktion treten kann, ziehen Sie ihm sein Hemd und die mit einem Flicken besetzte Hose an. Die Beine mit Krallen werden hinter die Hose geklebt.
Zwischen den linken Flügelteilen hält der Rabe einen dreiteiligen Pinsel. Nun braucht der Vogel noch seinen typischen großen Schnabel und das Augenpaar; die Kappe wird von hinten ergänzt.

Rückseite

Von der Rückseite werden das Hemd und die geflickte Hose aufgeklebt.
Die Schwanzfedern schauen aus der Hose hervor. Nun braucht die Kappe noch den roten Knopf und der Pinsel sein graues und rotes Teil, dann kann die Malstunde beginnen.

Eine süße Biene

Vor dieser kleinen Biene braucht sich niemand zu fürchten: Sie ist friedlich und setzt ihren Stachel nur im Notfall ein.

Vorderseite

Zeichnen Sie die Augen, die Ohrenstriche und den Mund auf. Die Biene erhält ihre typischen gelben Streifen. Plazieren Sie die Beinchen, die Arme und das Gesichtsteil mit der roten Nase auf dem rundlichen Körper. ACHTUNG: Die Haare werden später aufgeklebt!

Rückseite

Die Flügel erhalten den Flicken und die Flickennähte und werden dann auf den schwarz-gelben Körper geklebt. Zum Schluß werden die Haare mit den untergesetzten Fühlern angebracht.

Ein nettes Bienchen!

Na, du kleine Naschmaus!

In welchem Haushalt mag dieses Stück Käse wohl fehlen?

Für die Vorder- und Rückseite gilt:

Zeichnen Sie das Gesicht und alle gepunkteten Linien (s. Vorlagenbogen) auf. Die Flickennähte werden erst später aufgezeichnet. Nehmen Sie die Abbildungen im Buch zu Hilfe, damit Sie erkennen, welche aufzumalenden Linien an Kopf und Füßen Sie für die verschiedenen Seiten benötigen.

MOTIV-
ca. 27 cm
HÖHE

Vorderseite

Die Maus erhält als erstes ihre Innenohrteile. Fixieren Sie das Beinpaar unter der geflickten Hose, und befestigen Sie das Teil am Körper. Ziehen Sie anschließend dem Mäuschen das Hemd mit den gelben Kragenteilen und den aufgesetzten Knöpfen an.

Rückseite

Ergänzen Sie die Hose und das Hemd mit dem Kragenteil. Das Stück Käse hält die Maus zwischen den Pfoten. Zum Schluß bekommt der kleine Nimmersatt noch sein Schwänzchen aufgeklebt.

Guten Appetit!

Mein Name ist Stachel

Heute hat sich Herr Stachel für seine Verabredung besonders herausgeputzt. Auch eine kleine Überraschung hält er bereit.

MOTIV- ca. 37 cm HÖHE

Für die Vorder- und Rückseite gilt:

Um sich herausputzen zu können, braucht der Igel sein Gesicht und alle gepunkteten Linien (s. Vorlagenbogen). Nehmen Sie die Abbildung zu Hilfe, um die aufzuzeichnenden Linien der Vorder- oder Rückseite zuordnen zu können.

Vorderseite

Fügen Sie das Hemd mit der Hose und den untergesetzten Schuhen zusammen. Binden Sie dem Igel das Halsteil der Krawatte um.

ACHTUNG: Die beiden zweiteiligen Jackenhälften müssen wegen der Deckungsgleichheit genau plaziert werden. Nun kleben Sie das zweite gepunktete Krawattenteil auf. Die Punkte sind mit Hilfe eines Lochers ausgestanzt. Ergänzen Sie das Kopfteil (ohne Stacheln).

Rückseite

Auch von der Rückseite braucht das Stacheltier seine Hose und die zweiteilige Jacke. Geben Sie dem Tier die dreiteilige Blume in die Hand, und fixieren Sie die Teile an der Jacke. Jetzt fehlt nur noch die typische Igelfrisur.

Und wer bekommt nun die Blume?

Morgen kommt der Weihnachts-mann!

Hoffentlich braucht der Nikolaus seine Rute nicht. Wir waren doch alle brav – oder?

Für die Vorder- und Rückseite gilt:

Mit dem Filzstift zeichnen Sie die Augen des Nikolauses, das Gesicht des Teddys und alle gepunkteten Linien (s. Vorlagenbogen) auf. Die Flickennähte werden erst später aufgemalt.

MOTIV-
ca. 32 cm
HÖHE

Vorderseite

Fixieren Sie das Stiefelpaar, das Sackteil, die Hände, den Gürtel mit der Schnalle und die Mantelfelle an dem roten Mantel. Zwischen den beiden rechten Handteilen befindet sich die Rute mit dem aufgesetzten Stern. Das Gesicht mit der aufgeklebten Nase und das rote Mützenteil werden hinter das Bart- und Mützenfell geklebt. Der Schnurrbart und der Pompon sind aufgesetzt. Bevor Sie den Kopf aufkleben, fixieren Sie von hinten das Mützen- und Haarteil.

Rückseite

Der prall gefüllte Sack erhält die Sterne, den Flicken und die Sacköffnung, aus der ein Teddy mit Schal schaut. Der Nikolaus trägt den Sack auf den Schultern. Ergänzen Sie den Pompon und die Mantelfelle.

Hoffentlich fällt der Teddy nicht heraus!

Hier droben wohne ich

Zur Weihnachtszeit müssen die Sterne wieder auf Hochglanz poliert werden.

Für die Vorder- und Rückseite gilt:

Das Gesicht und alle gepunkteten Linien (s. Vorlagenbogen) werden aufgezeichnet. Nehmen Sie dabei die Abbildungen zu Hilfe, damit Sie die aufzuzeichnenden Linien der Vorder- oder Rückseite zuordnen können. Bei der Wolke wird auf der Rückseite das Muster spiegelverkehrt aufgemalt. Zeichnen Sie absolut deckungsgleich, da helles Papier durchscheint.

Vorderseite

Fixieren Sie die Hände, den Stern und das Gesicht (ohne Haare) auf dem Kleid, und plazieren Sie dieses auf der Wolke.

Rückseite

Der Himmelsbote braucht auch auf der Rückseite sein Kleid. Dann bekommt er seine Haarpracht, die Flügel und das lustige Fußpaar.

Ob Engel wohl kitzlig sind?

MOTIV-
ca. 28 cm
HÖHE